Karl-Martin Gabbey

VOM VOLLWAISEN ZUM MILLIONÄR

Ein (Lehr-)Buch für alle, die etwas erreichen wollen

Illustrationen:
Eva-Maria Plachta, Karikaturistin und Porträtzeichnerin
plaeva@web.de, www.eva-maria-plachta.de

Mediengestaltung:
creativecouch / Paul Böstro
www.creativecouch.de

Bibliografische Information der Deutschen Nationalbibliothek:
Die Deutsche Nationalbibliothek verzeichnet diese Publikation in
der Deutschen Nationalbibliografie;
detaillierte bibliografische Daten sind im Internet über http://dnb.dnb.de abrufbar.

Layout und Satz: Christiane Zay, Passau
Autorenedition Wartberg, ein Imprint der Wartberg-Verlag GmbH, Gudensberg
Herstellung: BoD – Books on Demand, Norderstedt
ISBN: 978-3-8313-3397-4

INHALT

Vorwort 5

1 Notiere deine Ausgangssituation 7

2 Denke und handle zielorientiert 11

3 Glaube an deine Ziele 15

4 Schaue bei anderen ab, aber kopiere nicht 19

5 Gehe deinen eigenen Weg 23

6 Alles hat etwas Gutes 25

7 Zeit ist Macht und Macht kommt von Ruhe 27

8 Nimm deine Ausgangssituation an 31

9 Geht nicht gibt's nicht 35

10 Warum soll ich etwas lernen? 39

11 Verinnerliche gute Umgangsformen und „alte" Werte 43

12 Stärke dein Selbstbewusstsein und sei dankbar 49

13 Schritt für Schritt zum Ziel 53

14 Feiere deine Erfolge 55

15 Der Tag der ersten Million 59

16 Ruhe wenig, fokussiere dein Ziel 63

17 Nimm jeden Tag als Geschenk an 67

18 Schneide alte Zöpfe ab 71

19 Sei offen, ehrlich und gehe bewusst mit Social Media um 75

20 Eine Tür geht zu, eine andere geht auf 79

21 Nutze deine Zeit 83

22 Reise mit offenen Augen und Gedanken 87

23 Bring dein inneres und äußeres Gleichgewicht in Einklang 91

Seminare, Coachings, Lesungen 92

Gestatten...

VORWORT

Mein Name ist Karl-Martin Gabbey und ich bin der Verfasser dieses Buches.

Warum habe ich dieses Buch geschrieben?

Nachdem ich meine bisherigen Ziele erreicht habe und auch anderen Menschen dazu verholfen habe, möchte ich die Leser dieses Buches ebenfalls darin unterstützen, ihre Ziele zu realisieren.

Ich werde in diesem Buch die Anrede in der Du-Form wählen, da ich auch einmal am Anfang meiner Ziele gestanden habe und auch heute noch vor neuen stehe. Somit bin ich einer von euch, einer von uns. Auch deshalb schreibe ich nicht als irgendein Autor zu euch, sondern als jemand, der euch kennt und versteht.

Dieses Buch ist all denen gewidmet, die im Sinne einer positiven Gesellschaft denken, handeln und leben. All denjenigen, über die nie geschrieben und berichtet wurde oder wird. Für all die Menschen, die kein großes Aufsehen über ihre Art zu leben machen. All diese Menschen sind für mich die wahren Helden dieser Welt und des Universums. Ich bin sehr stolz auf euch!

Auf zum nächsten Ziel!

Für eigene Notizen

1 NOTIERE DEINE AUSGANGSSITUATION

Wie jeder von uns so hast auch du eine Ausgangssituation, in die du hineingeboren wurdest und die du nicht beeinflussen konntest. Aber das, was danach – nach deiner Geburt – kommt, das kannst du sehr wohl beeinflussen.

Als Ausgangssituation bezeichne ich den Moment deiner Geburt. Wo du geboren wurdest, ob als Mädchen oder als Junge, ob du in ein finanziell unabhängiges Umfeld hineingeboren wurdest oder nicht, all das und vieles mehr bestimmt deine Ausgangssituation. Sei dir sicher, jede Ausgangssituation hat ihre Bedeutung. Niemand bewertet seine Ausgangssituation als rundum positiv, jeder hat irgendetwas, womit er hadert oder kämpft. Für andere mögen es Banalitäten sein, für einen selber sind es oft sehr große Aufgaben.

Für eigene Notizen

Damit du weißt, wer ich bin, lasse ich dich einen Teil meiner Ausgangssituation wissen:

Ich bin als Einzelkind aufgewachsen. Fast alle meiner Freunde und späteren Klassenkameraden hatten Geschwister. Somit war die erste Besonderheit meiner Ausgangssituation schon einmal gegeben. Meine Eltern und ich lebten in einer kleinen Mietwohnung. Zu dieser Zeit, Anfang der 1960er-Jahre, war die Währung in der Bundesrepublik noch die Deutsche Mark. Ein 10-Pfennig-Stück nannten wir Groschen. Unsere kleine Familie lernte zwangsweise früh das Sparen. Ein Auto besaßen wir nicht. Wir fuhren mit öffentlichen Verkehrsmitteln, wenn das Geld dafür da war. Kurze Wege, z. B. zum Einkaufen und zum Arzt, erledigten wir mit dem Fahrrad, viele Wege machten wir auch zu Fuß.

Eines Tages kam ich von der Schule nach Hause und meine Eltern hielten sich mit Tränen in den Augen in den Armen. Als Kind spürst du, wenn sich etwas Gravierendes verändert. Meine Mutter hatte die Diagnose erhalten, dass sie an Krebs erkrankt war. Alles Kämpfen über Jahre half nichts, der Krebs gewann den Kampf und meine Mutter starb, als ich 13 Jahre jung war. Knapp zwei Jahre später verstarb auch mein Vater. Die Zeit eines gemeinsamen Wortes, einer Umarmung oder eines Blickes waren für mich für immer vorbei.

Egal was deine Ausgangssituation ist, du musst diese zwar akzeptieren, aber du kannst wählen, ob du deine jetzige Situation ändern willst oder nicht. Wenn du sie nicht ändern willst, kannst du hier aufhören zu lesen. Wenn du sie ändern möchtest, lies weiter und notiere, wie deine eigene Ausgangssituation war und wie deine aktuelle Situation ist.

Merke dir:
Jeder kann seine Lebenssituation ändern.

Für eigene Notizen

2 DENKE UND HANDLE ZIELORIENTIERT

Jede Ausgangs- und Lebenssituation ist eine andere. Deshalb gibt es kein pauschales Rezept, wie du dich abhärtest und wie du deine Ziele formulierst und erreichst.

Um dich dahin optimal zu begleiten, kannst du auch ein persönliches oder ein Gruppenseminar bei mir im Institut buchen. Dies stelle ich auf der letzten Seite dieses Buches vor.

Für eigene Notizen

Wir Menschen sind oft bequem und hören auf die Hirnhälfte, die sagt: „Schaffst du eh nicht ...“, „Wird nicht gelingen, was du vorhast ...“ oder die ähnliche Gedanken hervorbringt. Ignoriere diese Gedanken und konzentriere dich auf die andere deiner Hirnhälften, auf die, welche dir sagt: „Vielleicht schaffst du es ja doch“, „Du wirst dein Ziel erreichen“, auf die Hirnhälfte, welche dir den Mut gibt, den Weg zu gehen, der dich zum Ziel bringt. Denn diese Hirnhälfte hat recht, du schaffst es, wenn du wirklich willst und alles Richtige dafür unternimmst.

Falls du am Anfang dieses Buches deine Ausgangssituation aufgeschrieben hast, dann hast du schon einmal den Ernst deiner Zielverfolgung dargelegt. Notiere jetzt dein Ziel, wenn du bereits eins hast, welches dir bewusst ist. Falls nicht, ist es auch nicht schlimm, dann lies einfach weiter und formuliere dein Ziel erst, wenn du es festgelegt hast. Denke daran: Wenn du ein Ziel definiert hast, hat es absolute Priorität. Somit überlege dir gut, was dein erstes Ziel ist. Wenn du dieses Ziel notiert hast, tue alles Wesentliche dafür!

Merke dir:

Du bist, was du denkst. Was du denkst, strahlst du aus. Was du ausstrahlst, ziehst du an.

Für eigene Notizen

3 GLAUBE AN DEINE ZIELE

Du hast dein Ziel fixiert. Behalte es erst einmal für dich und erzähle niemandem davon, bevor du es nicht erreicht hast.

Warum sollst du dich so verhalten? Wenn du mit anderen Menschen über deine Ziele sprichst, besteht die Gefahr, dass sie dich bewusst oder unbewusst von deinem Ziel abbringen. Das kann daran liegen, dass sie dir nicht zutrauen, dein Ziel zu erreichen. Sie zeigen dir Hindernisse auf, die dich in deiner Fokussierung auf deine Ziele schwächen. Oft kennen diese Menschen dein Inneres überhaupt nicht und doch urteilen sie über deine Fähigkeiten und deine Willenskraft. Solche Menschen werden dir Ratschläge geben und dir viele Gründe nennen, warum du dein Ziel nicht erreichen wirst. Lass dir von ihnen nicht deine Energie rauben. Sie haben wahrscheinlich selbst keine Ziele.

Schwierig wird es, wenn du gegen die Einwände sprachlich „ankämpfen" musst, um andere davon zu überzeugen, dass du deine Ziele doch errei-

Für eigene Notizen

chen wirst. Diese Energie, die du dafür aufwenden musst, kannst du besser anders einsetzen, nämlich für das Erreichen deiner Ziele.

Manchmal ist es aber unausweichlich, dass du dem einen oder anderen dein Ziel preisgibst. Dann achte darauf, wie viel du davon erzählst. Solltest du jedoch das Glück haben und einen Fürsprecher finden, jemand der hinter dir steht und dich unterstützt, dann höre dir an, was die Person dir zu sagen hat. Vergiss aber nie, dass du deinen Weg selbst gehen musst und auch alleine die Entscheidungen triffst. Lass nie zu, dass andere Entscheidungen für dich treffen.

Wenn du morgens aufwachst, stell dir die Frage, was du heute für dein Ziel tun kannst, und wenn du abends schlafen gehst, freue dich auf den nächsten Tag, an dem du weiter an deinem Ziel arbeiten kannst.

Merke dir:
Denke ständig an deine Ziele und rede nur sehr kontrolliert darüber.

Für eigene Notizen

4 SCHAUE BEI ANDEREN AB, ABER KOPIERE NICHT

Du bist wie jedes andere Lebewesen auch etwas Einmaliges. Ich schreibe bewusst „Lebewesen" und nicht Mensch. Selbstverständlich lernen Menschen das meiste von anderen Menschen, doch auch aus der Natur kannst du viel Wertvolles ableiten. Nimm symbolisch eine Holzlatte und schlage dir damit auf den Arm. Du wirst feststellen, dass Holz sehr hart ist und dass du diese Latte nicht biegen kannst. Gehe bei passender Gelegenheit, wenn der Wind weht, in den Wald oder dorthin, wo hohe Bäume stehen. Dann kannst du beobachten, wie dieses harte Holz sich ganz geschmeidig im Wind biegt und wie beweglich es trotz seiner Härte doch ist. Schau dir kleine Pflanzen an, die es schaffen, den Asphalt der Straße zu durchdringen, oder die sich an Steinwänden trotz widrigster Umstände entwickeln und dort wachsen. Es gibt unzählige dieser Beispiele, aus denen du dein Handeln und dein Denken ableiten kannst, die du aber nicht kopieren musst.

Oft hatte und habe ich Menschen um mich herum, die mich durch das, was sie darstellen, oder durch das, was sie erreicht haben, faszinieren. Solche Menschen kennst du bestimmt auch. Wenn du die Möglichkeit hast, in die Nähe dieser Menschen zu kommen, nutze sie und höre ihnen zu. Merke dir, was sie erzählen und was dir helfen kann, dich deinem Ziel näher zu bringen.

Es gibt auch Menschen, die uns faszinieren, die aber für uns nicht erreichbar sind. Von diesen Menschen kann man sich dennoch einiges abschauen. Nutze die (modernen) Medien, um die Lebensläufe solcher Menschen zu lesen. Oft habe ich mich an Tiefpunkten damit wieder aufgebaut.

Hier zwei Beispiele für Personen, von denen du bestimmt schon gehört oder gelesen hast:

Der eine wurde 1962 geboren, seine Kindheit war nicht leicht. Sein Vater, den er selber als Tyrannen bezeichnet, verlor immer wieder seinen Job und zwang die Familie so, ständig den Wohnort zu wechseln, bis sich die Mutter endlich

Für eigene Notizen

von ihm scheiden ließ. Neben den ärmlichen Lebensverhältnissen litt er vor allem darunter, dass er als Legastheniker von seinen Mitschülern stark gehänselt wurde. Diese Person, deren Kindheit ich hier erwähne, ist kein Geringerer als Tom Cruise, einer der erfolgreichsten Schauspieler unserer Zeit.

Der andere hatte keinen einfachen Start ins Leben. Kurz vor seiner Geburt starb sein Vater bei einem Autounfall. Er wuchs zunächst bei seinen Großeltern auf, zog dann zu seiner Mutter, die noch mal geheiratet hatte. Der Stiefvater, so schreibt diese Person in ihrer Biografie, soll alkoholsüchtig gewesen sein und seine Mutter geschlagen haben. Seine Mutter und er ertrugen die Gewalt. Er ging trotzdem seinen Weg und war von 1993 bis 2001 der mächtigste Mann der Welt. Die Rede ist vom damaligen Präsidenten der Vereinigten Staaten, Bill Clinton.

An diesen Beispielen siehst du, dass eine ungünstige Ausgangssituation kein Grund sein muss, nicht erfolgreich zu werden.

Merke dir:
Gehe mit offenen und beobachtenden Augen durch jeden Tag und lerne auch von den Dingen, die andere nicht wahrnehmen.

Für eigene Notizen

5 GEHE DEINEN EIGENEN WEG

Einsamkeit ist nichts Schlimmes, ganz im Gegenteil. Du benötigst sogar ein gewisses Maß an Einsamkeit, um erfolgreich zu werden. Nach dem frühen Tod meiner Eltern hatte ich das erste Mal ein wirkliches Gefühl von Einsamkeit und es gab kein Zurück aus dieser Situation.

Vielleicht hast du auch schon einmal das Gefühl von Einsamkeit erlebt. Wenn nicht, verschaffe es dir bewusst. Setze dich zum Beispiel alleine an einen für dich schönen Ort und lerne die Einsamkeit kennen. Nutze bei der Suche nach Einsamkeit aber kein Social Media, schalte dein Handy und ähnliche Technik komplett aus. Steigere das Gefühl zum Beispiel, indem du alleine etwas essen oder ins Kino gehst. Und wenn du alleine bist, konzentriere dich auf dein Ziel. Du wirst feststellen, es werden dir mit der Zeit viele Gedanken in den Kopf kommen, die sich um die Erreichbarkeit deines Zieles drehen. Wenn du alleine bist, musst du diese Gedanken niemandem erklären. Du alleine entscheidest, ob jeder einzelne dieser Gedanken für dich realisierbar und zielführend ist. Wichtig ist hierbei, dass du dir deine Gedanken aufschreibst. Mancher Gedanke, der dir in den Sinn kommt, ist für den Moment vielleicht noch nicht umsetzbar oder von Bedeutung, aber möglicherweise später.

Merke dir:

Lege dir ein Gedankenbuch an und notiere alle zielführenden Gedanken und Ideen.

Für eigene Notizen

6 ALLES HAT ETWAS GUTES

Jeder Mensch, so auch du und ich, erleben Dinge, die für uns in dem Moment schlimm und schmerzhaft sind. Manche dieser Erlebnisse haben wir selbst herbeigeführt, manche nicht.

Nimm als ein Beispiel den Tod meiner Eltern, den ich bereits erwähnt habe. Glaube mir, darin sieht man als Kind überhaupt keinen Sinn. Erst Jahre später erkannte ich, dass ich durch dieses Ereignis zwangsweise schneller Verantwortung übernehmen musste. Ich musste lernen, wichtige Entscheidungen zu treffen und selbstständig zu denken. Ohne dieses Ereignis hätte ich wahrscheinlich nicht die Härte gegen mich selbst entwickelt, die mich zum Millionär gemacht hat.

Auch wenn dir durch irgendein Ereignis der Boden unter deinen Füßen weggezogen wird, muss das nicht zwangsweise bedeuten, dass du fällst. Du lernst in solchen Situationen bewusster und klarer zu denken, denn jede Entscheidung, die du triffst, musst du auch selbst umsetzen.

Somit ist es auch nicht schlimm, wenn du Freunde „verlierst", weil sie wegziehen, sich von dir abwenden oder aus einem anderen Grund keine Freunde mehr sind. Jeder im ersten Augenblick auch noch so stark empfundene Verlust oder die Beendigung einer Freundschaft eröffnet dir auch wundervolle neue Möglichkeiten und die Chance, andere Wege zu gehen.

Merke dir:
Verlust bedeutet nicht, dass es dir langfristig schlecht geht.

Für eigene Notizen

7 ZEIT IST MACHT UND MACHT KOMMT VON RUHE

Bilder und Filme in jeglicher Form beeinflussen dein Unterbewusstsein. Was will ich dir damit sagen?

In der heutigen Zeit unterliegen wir bewusst oder unbewusst jeden Tag unzähligen Informationen. Jedes Medium, und sei es noch so unspektakulär, füttert dein Unterbewusstsein mit Botschaften. Diese müssen alle verarbeitet werden. Um im Kopf klar für deine Ziele zu sein, solltest du dir jeden Tag Zeiten der geistigen Ruhe schaffen. Dafür können Minuten oder ein paar Stunden nötig sein.

Für eigene Notizen

Vor vielen Jahren lernte ich einen sehr interessanten Neurowissenschaftler kennen. Durch ihn wurde mir die Dringlichkeit dieser Ruhezeit bewusst. Zur damaligen Zeit kannte man den Begriff „Burnout“ noch nicht, doch das Ergebnis einer Überlastung der geistigen Aufnahmebereitschaft war identisch. Nach dieser Begegnung baute ich auf seine Empfehlung hin meinen Fernseher ab und stellte ihn in den Keller. Ich gewann jeden Abend Zeit, den Tag gedanklich zu verarbeiten, mich frei zu machen für einen erholsamen Schlaf mit der Vorfreude auf den nächsten Tag. Während andere Fernsehen schauten, lauschte ich dem Wind im Garten, den Vögeln in den Bäumen oder dem Aufschlagen der Regentropfen. Der Verzicht auf den Fernseher ist für mich eine wichtige Veränderung in meinem Leben gewesen, um meine Ziele gedanklich zu 100 Prozent verfolgen zu können.

Auch du kannst jederzeit den Fernseher ausschalten und Bilder in allen Social-Media-Kanälen abschalten oder wegdrücken. Versuche es doch einmal über einen Zeitraum von ein paar Wochen und erlebe, was sich in deinem Kopf verändert.

Merke dir:
Geistige Ruhe- und Erholungszeiten sind wichtig für zielführende Gedanken.

Für eigene Notizen

8 NIMM DEINE AUSGANGSSITUATION AN

In Kapitel 1 hatte ich bereits von der jeweiligen Ausgangssituation geschrieben. Diese musst du unweigerlich annehmen. Ob du dich innerlich dagegen wehrst, sie verschweigst oder dich sogar dafür schämst – es ist und bleibt deine Ausgangssituation. Sei stolz darauf und stehe dazu.

Anders als deine Ausgangssituation kannst du immer deine aktuelle Lebenssituation ändern und zwar jeden Tag ein Stück. Allerdings ändern sich Lebenssituationen auch oft von ganz alleine. Das sind die Veränderungen, die das Leben naturgemäß mit sich bringt. Manchmal kommen diese dir entgegen und manchmal werfen sie dich in deinem Tun zurück oder bremsen dich aus. Diese nicht beeinflussbaren Veränderungen musst du in dein Handeln einbauen und dafür sorgen, dass du dein Ziel nicht aus den Augen verlierst. Gegebenenfalls musst du deinen Weg zum Ziel neu ausrichten.

Ich gebe dir auch hierzu ein Beispiel, wie jemand sich verhalten hat, den heute fast jeder kennt. Daran erkennst du, dass heute bekannte Menschen auch eine mitunter nicht „normale" Ausgangssituation hatten.

Als Kind in der Grundschule hat sich dieser Junge um 1975 herum nach dem Unterricht mit vier Freunden an einem Fernschreiber versucht, der mit einem Großrechner verbunden war. Dieser heutige Mann hat sich in seiner Kindheit viel bei seinem Großvater abgeschaut, der immer alles selbst gemacht hat. Dadurch wurde er für sein ganzes Leben inspiriert. Als Teenager jobbte er bei einer großen Fastfood-Kette, durfte aber keinen Kundenkontakt haben, weil er an extrem starker Akne litt. Doch während seiner beruflichen Karriere schaffte er es dennoch, Spitzenposten in verschiedenen Unternehmen an der Wall Street innezuhaben. Er warf dies alles hin und begann Anfang der 1990er-Jahre seine Idee zu leben und einen Online-Buchhandel zu gründen. Er stand kurz vor dem Bankrott, doch er machte weiter,

Für eigene Notizen

glaubte an sein Ziel, hielt daran fest und taufte sein Unternehmen Amazon. Die Rede ist von keinem Geringeren als dem aktuell reichsten Mann der Welt, Jeff Bezos.

Herr Bezos konnte aufgrund seiner extrem starken Akne in seiner Jugend nicht den Job machen, der ihm vielleicht mehr Spaß gemacht hätte, seinen Weg hat er trotzdem gemacht.

Merke dir:
Vergiss nie, wo du herkommst.

Für eigene Notizen

9 GEHT NICHT GIBT'S NICHT

„Geht nicht gibt's nicht" ist ein Spruch, den erfahrene Menschen oft bemühen, um die jüngere Generation zu motivieren und anzuspornen.

Welche der beiden Aussagen, die sich hinter diesem Spruch verbergen, ist nun richtig? Beide sind in gewisser Weise zutreffend. Es gibt Dinge, die gehen nicht in der Weise, wie man es vorab gedacht hat, aber es gibt immer einen anderen Weg oder eine andere Möglichkeit, um an ein Ziel zu gelangen. Somit ist manchmal der Weg, den andere einem vorgeben, für einen selbst nicht begehbar. Doch auf einem anderen Weg gelangt man schließlich zum Ziel. Und noch etwas Gewaltiges liegt in der Aussage „Geht nicht

Für eigene Notizen

gibt's nicht", nämlich die Notwendigkeit von Ausdauer und Hartnäckigkeit auf dem Weg zum Ziel.

Versuche dir bei jeder Aufgabe, die du gestellt bekommst, zu vergegenwärtigen, welche Wege möglich sind, um sie für dich positiv zu lösen. Und lerne körperlichen Schmerz wie seelisches Leid zu besiegen.

Hier ein Beispiel aus meinem Leben: Als ich es endlich geschafft hatte, mir mein erstes Haus zu kaufen, war ich sehr stolz auf mich. Allerdings reichte mein Geld nicht für ein neues oder saniertes Haus, sodass viel daran repariert und umgebaut werden musste. Das Geld war sehr knapp und so hatte ich neben der Leitung meines ersten Unternehmens auch die große Aufgabe des Hausumbaus zu bewältigen. Leider hat der Tag nur 24 Stunden, daran konnte ich nichts ändern. Das Einzige, was ich ändern konnte, war, meine Ruhe- und Schlafenszeiten zu verkürzen. So konnte ich mein Geschäft tagsüber betreiben und vom Abend bis spät in die Nacht sowie an den Wochenenden an meinem Haus arbeiten. Manchmal bin ich vor Müdigkeit mit der Schaufel in der Hand irgendwo auf dem Grundstück kurz eingeschlafen. Aber es ging weiter, denn mein Ziel, einmal Millionär zu werden, war klar fixiert und ich wusste, eines Tages werde ich mein Ziel erreichen – mit Hartnäckigkeit und Ausdauer.

Merke dir:
Es gibt immer mehrere Wege, dein Ziel zu erreichen.

Für eigene Notizen

10 WARUM SOLL ICH ETWAS LERNEN?

Hierzu sollte man erst einmal differenzieren, was „Lernen" umfasst. Es gibt die Zeit des Lernens in der Schule, die man so gut wie möglich absolvieren sollte. Wenn einem das Schulsystem und der Lehrplan entgegenkommen, dann ist das schon mal eine gute Grundvoraussetzung, um seinem gesteckten Ziel näher zu kommen. Allerdings ist ein guter Schulabschluss allein kein Garant dafür, dass du dein Ziel erreichst. Für manche Pläne ist natürlich ein bestimmter Schulabschluss und Notendurchschnitt erforderlich. Ist dies bei dir der Fall, dann ist das Erreichen dessen dein Etappenziel. Doch auch hier gilt: Es gibt immer mehrere Wege zum Ziel.

Doch lernen kannst und musst du auch neben und nach der „normalen" Schulausbildung. Ich zeige dir anhand eines Beispiels, warum: Ein junger Mann erzählte mir einmal, dass er in seiner Schulzeit auf dem Gymnasium eine ältere Mitschülerin kennenlernte, die ein Jahr als Austauschschülerin in Amerika war. Er bemerkte, dass die junge Frau ein ganz anderes Englisch sprach, als es in seiner Englischklasse der Fall war, und war davon beeindruckt. Also setzte er sich das Ziel, auch ein Austauschjahr in Amerika zu verbringen. Er recherchierte im Internet, welche Möglichkeiten es gab, dies zu realisieren, und sammelte alle relevanten Informationen. Das tat er, bis er sein Ziel erreicht hatte und sein Auslandsjahr in Amerika antreten konnte. Er hatte Durchhaltevermögen und einen eisernen Willen bewiesen, was ihn zum Erfolg geführt hat. Selbst als er in Amerika ankam und ihm eine Menge Steine im Weg lagen, gab er nicht auf und glaubte an sein Ziel. Er hat es geschafft! Der Junge kam nach einem Jahr zurück, sprach perfektes Englisch und hat wenige Jahre später sein Studium an international angesehenen Universitäten absolviert. Mittlerweile ist er ein junger und erfolgreicher Mann und als solcher berichtete er mir, dass er mit dem Schulenglisch die Aufnahmeprüfungen und die Studiengänge auf Englisch niemals geschafft hätte.

Für eigene Notizen

Du siehst, dass auch das Lernen außerhalb des Schulunterrichts sehr wichtig ist. Dieser Junge besaß den Schneid, sich auf dem Pausenhof zu den Älteren zu stellen und dort zuzuhören. Er hat etwas für sich erkannt, reagiert und gehandelt.

Versuche doch auch du einmal, dich irgendwo, zum Beispiel in einer Eisdiele, in einem Café oder einfach im Park, in die Nähe von Menschen zu setzen, die dir interessant vorkommen. Lausche unauffällig ihren Gesprächen. Vielleicht ist ja etwas Wertvolles für dich dabei.

Merke dir:
Die Möglichkeiten, zu lernen, sind vielfältig.
Nutze sie und lerne für dich.

Für eigene Notizen

11 VERINNERLICHE GUTE UMGANGSFORMEN UND „ALTE" WERTE

Es gibt viele Werte, die in der Entwicklung der heutigen Jugend kaum gefördert, ihr wenig vorgelebt und durch das Schulsystem nicht vermittelt werden. Doch gerade diese Werte sind es, welche dich von der breiten Masse positiv abheben. Sie öffnen dir Türen, die anderen verschlossen bleiben. Und das Wunderbare daran ist: Es kostet dich kein Geld, kaum Zeit und keine körperliche Anstrengung.

Jetzt wirst du dich fragen, von welchen Werten ich schreibe. Es sind: Höflichkeit, Achtung und Wertschätzung.

Wenn du in einen Raum kommst, in dem du auf andere Menschen triffst, gewöhne dir an, die Tageszeit in deine Begrüßung mit aufzunehmen, also: Guten Morgen, Guten Tag oder Guten Abend. Wenn du einen Raum verlässt oder dich von Menschen verabschiedest, sage: Auf Wiedersehen. Wenn du gerne eine Basecap trägst, nimm diese beim Essen ab. Das Essen schmeckt dadurch nicht schlechter. Integriere die beiden Worte „Bitte" und „Danke" doch mal in deinen Wortschatz. Sei zuvorkommend. Wenn du die Möglichkeit hast, einem anderen Menschen zum Beispiel durch das Aufhalten einer Tür eine Hilfe zu geben, ergreife die Chance.

Zu den alten Werten zählen aber auch die Etikette und das richtige Outfit zu jedem Anlass. Wenn du es nicht schon kannst, iss einmal mit Messer und Gabel – und zwar zeitgleich. Behalte das Messer, nachdem du ein Lebensmittel auf dem Teller durchschnitten hast, in der Hand. Das Essen wird mit der Gabel zum Mund geführt und nicht der Mund zum Essen. Turnschuhe und Sneaker sind bequem und in vielen Bereichen auch genau richtig. Doch man kann auch in Lederschuhen unfallfrei gehen. Versuche es einmal und gewöhne dir rechtzeitig an, sie zu tragen. Spätestens bei deinem ersten wichtigen Termin solltest du dich in Lederschuhen (als Mann) oder

Für eigene Notizen

Absatzschuhen (als Frau) sicher und selbstbewusst fortbewegen können. Auch ein Lächeln kostet dich nichts, doch es hat eine positive Wirkung.

Dies sind nur ein paar Beispiele von vielen Möglichkeiten, sich stilvoll von der Masse abzuheben.

Egal, welches dein Ziel ist, wenn du diese Umgangsformen beherrschst und die „alten Werte" beherzigst, wirst du sie nie wieder verlernen und wirst sie immer gewinnbringend für dich einsetzen können, wenn es die Situation erfordert.

Für eigene Notizen

Dazu möchte ich dir ein Beispiel geben: Vor vielen Jahren habe ich einen jungen Mann auf ein Assessment-Center vorbereitet. Er hatte sich um einen kaufmännischen Ausbildungsplatz bei einem großen deutschen Autobauer beworben. Er war sehr stolz, denn er hatte es bereits unter die letzten zehn geschafft, die um diesen Ausbildungsplatz konkurrierten, und er wollte ihn unbedingt bekommen. Er war bereit zu „kämpfen". Wir sind in den Tagen zuvor viele inhaltliche Details und auch Verhaltensregeln durchgegangen. Nach dem Assessment-Center rief er mich an und berichtete von dem Tag. Alle Mitstreiter*innen waren gut vorbereitet, konnten die Mathematikaufgaben lösen, hatten den Deutschtest mit Bravour bestanden, doch als es zur persönlichen Vorstellung kam, war mein Schüler, der fast zum Schluss der Runde drankam, als Einziger selbstsicher vom Stuhl aufgestanden, hat das Vergabegremium begrüßt und seine Vorstellungsrede im Stehen gehalten. Nach vier Tagen kam der ersehnte Anruf und wenige Wochen später hat der junge Mann seine Ausbildung in dem Unternehmen angetreten. Es war bestimmt von allen Bewerbern eine großartige Leistung, doch mein Schüler hat sich mit seinem positiven Verhalten aus der Masse abgehoben. Das Aufstehen hat sich in diesem Moment nachhaltig in den Köpfen der Prüfer und Prüferinnen festgesetzt.

Merke dir:
Je öfter du die höflichen Umgangsformen und „alten Werte" anwendest, desto mehr gehen sie in dein alltägliches Verhalten über. Das wird dich von der breiten Masse unterscheiden und deine Erfolge positiv beeinflussen.

Für eigene Notizen

12 STÄRKE DEIN SELBSTBEWUSSTSEIN UND SEI DANKBAR

Oft sind es Kleinigkeiten, die man gerne als Selbstverständlichkeit ansieht und bei denen man die Wertschätzung sowie das große Glück, welches man daraus entnehmen kann, nicht mehr sieht. Dazu müssen wir gar nicht so weit von uns wegsehen. Wenn du morgens erwachst, denkst du meistens nicht darüber nach. Es ist „normal", dass du siehst, was deine Augen erkennen, es ist „normal", dass du atmest und dein Körper funktioniert. Du kannst gehen, greifen, sehen, riechen, schmecken und so vieles mehr. Das alleine sind schon großartige Fähigkeiten, die für dich vielleicht „normal" sind, aber doch nicht jedem zur Verfügung stehen. Sei dafür dankbar, übe Ehrfurcht und stärke dadurch dein Selbstbewusstsein.

Für eigene Notizen

Es ist für einen Menschen eine Kleinigkeit, mit der ihm zur Verfügung stehenden menschlichen Kraft einen Käfer oder ähnliche Tiere einfach zu töten. Zeige Größe und zerstöre andere Lebewesen nicht aus Unüberlegtheit. Auch dadurch, dass du dir solch ein Verhalten aneignest, stärkst du dein Selbstbewusstsein. Denn du lernst dadurch anders zu denken und anders zu handeln als die meisten Menschen. Mit dieser Dankbarkeit für „Selbstverständlichkeiten", mit Rücksicht und Respekt schwächeren Lebewesen oder Minderheiten gegenüber wirst du lernen, auch mal gegen den Strom zu schwimmen. Auch dies macht dich zu etwas Besonderem.

Einer meiner Schüler wollte einen Single-Tanzkurs besuchen und er war unsicher, wie er sich dort verhalten sollte. In der Vorbereitung stellte sich heraus, dass er den Tanzkurs eigentlich nur besuchen wollte, um dort eine bestimmte Frau kennenzulernen, von der er wusste, dass sie auch am Kurs teilnehmen würde. Er traute sich nicht, die Dame auf eine andere Art anzusprechen bzw. ihre Aufmerksamkeit zu erlangen. Die Angst vor der ersten Tanzstunde lag nun darin, dass die Dame einen anderen Tanzpartner wählen würde und er keine Chance bekäme, ihre Bekanntschaft zu machen.

Erfahrungsgemäß stellen sich bei einer solchen Veranstaltung alle Teilnehmer an den Rand des Raumes vorzugsweise in Gruppen zusammen; ein klassisches Verhalten, um im Schutz der Gruppe Angst und Schüchternheit zu verbergen. Also übten wir genau das Gegenteil. Mit gestärktem, aber nicht überheblichem Selbstbewusstsein und dem Blick der Dankbarkeit in den Augen stellte sich mein Schüler in der ersten Tanzstunde nicht an den Rand des Raumes, sondern mitten hinein. Selbstverständlich wurde er von allen Anwesenden gemustert. Und genau das war das Ziel, denn auch die Dame, die mein Schüler kennenlernen wollte, musterte ihn. Als schließlich Tanzpaare zu bilden waren, haben die beiden den Weg zueinander gefunden.

Merke dir:

Stärke dein Selbstbewusstsein und deinen Mut durch Dankbarkeit und rücksichtsvolles Handeln.

Für eigene Notizen

13 SCHRITT FÜR SCHRITT ZUM ZIEL

Auch wenn dir das Erreichen eines Zieles unendlich weit weg vorkommt, ist der erste Schritt, den du dafür unternimmst, ein großartiger Moment und Anfang. Es gibt bei meinen Schüler*innen, aber auch bei mir selber, immer wieder Situationen, in denen man denkt: „Das schaffe ich nie!" Der Weg zum Ziel erscheint einem sehr lang und weit entfernt. Solltest du an diesem Punkt ankommen, konzentriere dich auf das, was du gerade tust, auf die nächste Etappe. Und schaue in diesem Moment nicht auf den großen Berg, der noch vor dir liegt. Wenn dieses Etappenziel abgearbeitet ist, konzentrierst du dich auf auf den nächsten Augenblick und das nächste Ziel.

Ein Beispiel: Schüler wollten Geld verdienen, um sich ihre Wünsche zu erfüllen und damit ihren Zielen näher zu kommen. Sie verdienten das Geld unter anderem auf dem Bau. Dies war für sie eine sehr anstrengende Tätigkeit. Sie mussten unter anderem viele Tonnen Filterkies mit Eimern und Schubkarren in Öffnungen verteilen. Der sprichwörtliche Berg (an Kies) schien unüberwindbar. In der Gesamtansicht verloren sie schnell den Glauben daran, die Arbeit zu schaffen. Doch den Blick auf jede einzelne Schubkarre zu richten und als Etappenziel jede einzelne Öffnung zu sehen, half bei der Bewältigung der Aufgabe. Und wenn es freitags den finanziellen Lohn für die wöchentliche Arbeit gab, waren die Schmerzen schon fast verflogen und die Motivation fürs Weitermachen wieder hergestellt.

Merke dir:

Konzentriere dich immer auf den Augenblick und die unmittelbar bevorstehende Aufgabe.

Für eigene Notizen

14 FEIERE DEINE ERFOLGE

In diesem Kapitel sensibilisiere ich dich dafür, an deinen gesteckten Zielen dranzubleiben. Manche Ziele erfordern ein langes Durchhaltevermögen.

Wenn du dir zum Beispiel am Anfang eines Schuljahres vornimmst, am Ende des Jahres eine bessere Note zu haben, dann bedeutet dies, dass du ein ganzes Jahr lang dafür etwas tun musst. Und dies kann schon sehr lang sein.

Für eigene Notizen

Also baue dir Etappenziele. Das kann zum Beispiel bedeuten, dass du dich belohnst, wenn du ein Thema verstanden hast, eine Nachhilfestunde dir den Durchblick gegeben hat oder du einen guten Nachhilfelehrer gefunden hast. Eine Belohnung muss nichts Finanzielles sein. Es kann bedeuten, dass du dich mal für eine Stunde an einen schönen Ort setzt und den Moment genießt, etwas Schönes mit Freunden unternimmst, wozu du sonst keine Zeit hast, oder einfach nur eine Stunde früher schlafen gehst. Gratuliere dir selbst und belohne dich beim Erreichen von Etappenzielen.

Obiges gilt ebenso bei anderen Zielen, wie zum Beispiel dem Erlangen eines besseren Jobs, dem Erreichen von materiellen Zielen und vielem mehr.

Als ich mir das Ziel gesetzt hatte, ein eigenes Haus ohne Schulden zu besitzen, erschien mir der Weg unendlich weit. Denn von dem Betrag, den ich dafür brauchte, war ich gefühlt meilenweit entfernt. So baute ich mir kleine Kästchen. Jedes Kästchen hatte eine festgelegte Summe, die ich dort einfüllen musste. Wenn ich diese Summe zusammengespart hatte, habe ich mich belohnt. Je mehr ich arbeiten konnte, desto schneller füllten sich die Kästchen und mit der Zeit erhöhte ich die anzusparenden Beträge. Wenn eins oder mehrere Kästchen voll waren, brachte ich das Geld auf mein „Hauskonto" bei der Bank. Und viele Jahre später hatte ich mein Ziel eines schuldenfreien Eigenheims erreicht. Ich habe viele Jahre und jeden einzelnen Tag an die Erfüllung meines Zieles geglaubt und Schritt für Schritt darauf hingearbeitet.

Merke dir:

Freue dich auch über die kleinen Erfolge. Viele kleine Erfolge bringen dich zum Ziel.

Für eigene Notizen

15 DER TAG DER ERSTEN MILLION

Wenn du – so wie ich – eines deiner großen Ziele erreichst, ist dies ein großartiger Moment, der dich beflügelt und motiviert. Gerade auch dann, wenn du auf dem Weg dorthin nicht vorhersehbare Schwierigkeiten gemeistert hast. Nun erfährst du, welche Schwierigkeiten ich hatte, um ein großes Ziel aus meiner Kindheit zu erreichen.

Für eigene Notizen

Eines meiner großen Ziele aus der Kindheit war es, einmal Millionär zu sein. Auch bei diesem Ziel musste ich Entwicklungen berücksichtigen, die ich nicht beeinflussen konnte. So gab es in dieser Zeit, als ich mein Ziel verfolgte, eine Währungsumstellung. Die Deutsche Mark wurde ersetzt durch den Euro. Das bedeutete, dass mein Vermögen von einem auf den anderen Tag nur noch der halbe Betrag war, denn aus 200.000,- Deutsche Mark wurden über Nacht 100.000,- Euro. Das hat mich von meinem Ziel, eine Bestätigung von der Bank über einen Besitz von 1.000.000,- Euro auf meinen Konten zu erhalten, weit entfernt. Doch es hat mich auch angespornt. Denn mein „Millionen"-Ziel hatte ich seit meiner Jugend fixiert und das ließ ich mir auch durch eine Währungsumstellung, die ich nicht zu verantworten hatte, nicht nehmen. Jetzt musste ich nur länger daran arbeiten. Nach einigen langen Lebensjahren hatte ich es erreicht. Mein Bankberater bestätigte mir schriftlich einen Besitz von mehr als einer Million Euro. An diesem Tag flossen außer einem leckeren Getränk auch einige Tränen voller Stolz, Zufriedenheit, Dankbarkeit, Ehrfurcht und Achtung vor mir selbst.

Merke dir:

Sei stolz auf jedes deiner erreichten Ziele.

Für eigene Notizen

16 RUHE WENIG, FOKUSSIERE DEIN ZIEL

Egal wie eine Zeitrechnung festgelegt wird, um erfolgreich und besser als andere zu sein, musst du dir die zur Verfügung stehende Zeit sehr überlegt einteilen und nutzen.

Für eigene Notizen

Aktuell messen wir unsere Zeit in Sekunden, Minuten, Stunden, Tagen. Es gibt den Begriff 24/7 – er bedeutet so viel wie „stets und immer". Das ist für die meisten Menschen nicht von Bedeutung und schon gar nicht umsetzbar. Aber für dich sollte es umsetzbar sein. Er bedeutet nichts anderes, als dass du 24 Stunden am Tag und sieben Tage die Woche an dein Ziel denkst, handelst und dafür arbeitest. Dein Handeln muss nicht immer unmittelbar mit deinem Ziel zusammenhängen. Es kann auch mittelbar zum Erfolg beitragen und für einen außenstehenden Betrachter nicht sinnvoll erscheinen. Doch ob es sinnvoll ist oder nicht, entscheidest ganz alleine du.

Ein Beispiel: Wenn Freunde zum Handball gehen und dich fragen, ob du mitkommen möchtest, überlege dir, ob es dich deinem Ziel näher bringt. Wenn du ernsthaft meinst, dass du dort etwas erleben könntest, was dich in Hinblick auf deine Pläne bereichert, dann gehe mit, auch wenn es auf den ersten Blick vielleicht gar nichts mit deinem Ziel zu tun hat. Wichtig ist hierbei nur: Du hast dir die Frage vor der Entscheidung gestellt und ernsthaft abgewogen! Wenn du allerdings der Meinung bist, dass es dich nicht weiterbringt, gehört auch der Mut dazu, „nein" zu sagen.

Wenn andere sonntags faul auf der Couch liegen und Filme schauen, kannst du das genauso tun, aber du denkst dabei an dein Ziel. Der Film ist die Nebensache, dein Hauptgedanke ist auf dein Ziel fokussiert.

Merke dir:

Stelle dir vor jeder Entscheidung die Frage, ob und wie sie dich deinem Ziel näher bringt.

Für eigene Notizen

17 NIMM JEDEN TAG ALS GESCHENK AN

Wenn du schlafen gehst, lass den Tag und die Ereignisse noch einmal im Schnelldurchgang Revue passieren und dann freue dich auf den Moment, an dem du am nächsten Morgen aufwachst und deinen neuen Tag beginnen und erleben darfst. Denn jeder Tag, an dem du deine Augen öffnen kannst, ist ein großartiger Augenblick und ein Geschenk, welches du als solches annehmen darfst. Und wenn du meinst, dass dies etwas ganz Normales ist, dann will ich dir eine kleine Geschichte von mir selbst erzählen:

In meiner Tätigkeit bei einem großen Reiseveranstalter hatte ich u. a. die Aufgabe, junge Auszubildende zu begleiten, zu motivieren und ihnen den Begriff „Dienstleistung" anschaulich zu machen und dies in ihr Handeln zu internalisieren. Viele der Auszubildenden kamen aus „besseren" Verhältnissen und waren teilweise etwas überheblich. Ihnen war der Seminarbeginn schon einmal generell viel zu früh, der abgebrochene Fingernagel war ein Weltuntergang, die verwischte Mascara kam einem Gesichtsverlust gleich. Eine lebensfrohe Grundeinstellung unter diesen Umständen war generell um diese frühe Uhrzeit nicht möglich. Keine optimalen Voraussetzungen für einen Job im Dienstleistungsbereich. Und nun kam ich mit meiner positiven und tagesbejahenden Laune noch hinzu.

Was tun? Ich schaute mir das Drama bis zur Kaffeepause an und habe allen Teilnehmenden freigegeben und sie mit dem Hinweis nach Hause geschickt, dass sie am nächsten Morgen eine Stunde frü-

Für eigene Notizen

her da sein sollten als am heutigen, weil wir einen Ausflug machen würden. Am Nachmittag rief ich bei einer Freundin an, die in einem Kinderkrankenhaus die Station für krebskranke Kinder leitete, und vereinbarte mit ihr einen Termin für den nächsten Morgen.

Der nächste Morgen kam und die Kursteilnehmer*innen, ahnungslos, was sie erwarten würde, waren etwas verärgert über die jetzt erst recht frühe Uhrzeit. Als wir mit dem von mir organisierten Bus im Krankenhaus ankamen, informierte ich sie lediglich, dass wir gemeinsam mit Kindern frühstücken würden. Gesagt getan, die Kinder lachten so früh am Morgen, unterhielten sich mit uns, tauschten ihre Lebensmittel, zeigten uns ihre Spielsachen und bedankten sich für die gemeinsame Zeit und die Geschenke, die ich mitgebracht hatte. Als wir wieder im Bus waren, sagte eine Teilnehmerin, dass der Ausflug ja sehr schön gewesen sei, sie aber nicht wüsste, was er mit unserem Seminar zu tun habe. Daraufhin antwortete ich der ganzen Gruppe: „Diese Kinder haben Krebs und die Station, auf der wir waren, ist das Kinderhospiz. Diese Kinder haben leider nicht mehr lange zu leben, doch sie empfangen jeden Moment und jeden Tag mit Begeisterung und Freude. Sollten Sie, liebe Kursteilnehmer*innen, sich irgendwann noch mal wegen eines abgebrochenen Fingernagels oder ähnlichen Kleinigkeiten schlecht fühlen und meinen, die Welt sei gegen Sie, dann denken Sie an diese Kinder im Hospiz."

Und so wünsche ich mir, dass du es auch siehst. Jeder Tag, an dem du deine Augen öffnen kannst, ist ein großartiger Augenblick und ein Geschenk, welches du als solches annehmen und nutzen darfst.

Merke dir:

Du bekommst jeden Tag nur einmal geschenkt, freue dich darauf und darüber.

Für eigene Notizen

18 SCHNEIDE ALTE ZÖPFE AB

Du wirst, wie auch ich, im Laufe deines irdischen Daseins viele andere Menschen treffen und kennenlernen. Jeder dieser Menschen beeinflusst dich auf seine Art: Sei es ein kleiner Augenblick im Gespräch, der dich inspiriert und dir Impulse gibt, sei es ein Vortrag, ein langer Zeitungsartikel oder eine immer wiederkehrende Unterhaltung, die dich langfristig zum Nachdenken anregt. Manches führt sogar dazu, dass du dein Verhalten deswegen änderst. Wenn es etwas Gutes ist, nennt man es „lernen". Ist es etwas Schlechtes, nennt man es „negativen Einfluss". Doch wer entscheidet darüber, was für einen selber gut und was schlecht ist? Die Gesellschaft, in der wir leben, oder die Gesetzgebung, die unser Leben versucht in geordneten Bahnen zu halten?

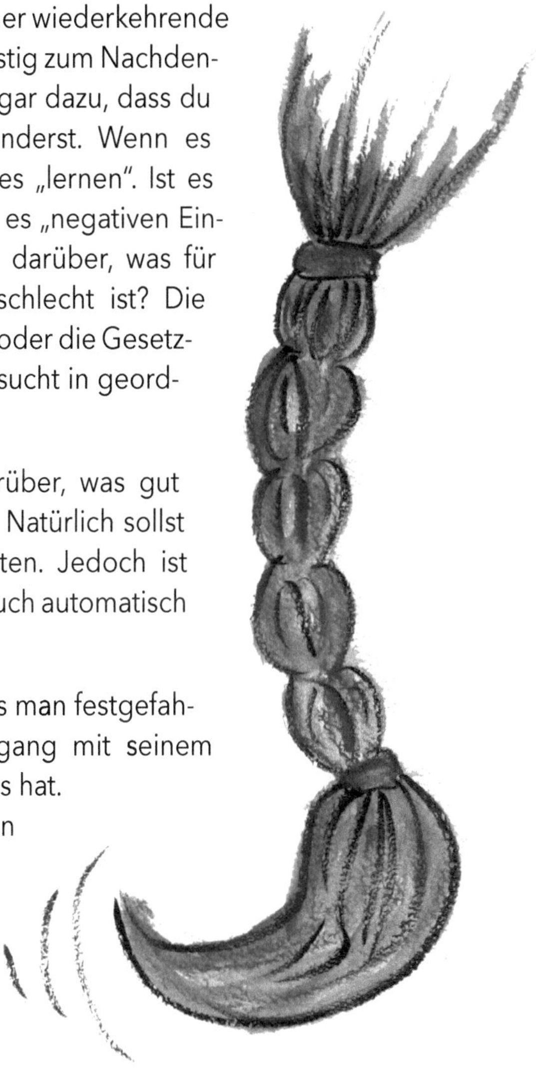

Entscheiden tust nur du darüber, was gut und was schlecht für dich ist. Natürlich sollst du dich an die Gesetze halten. Jedoch ist nicht alles, was verboten ist, auch automatisch schlecht für dich.

Manchmal kommt es vor, dass man festgefahrene Gewohnheiten im Umgang mit seinem Bekannten- und Freundeskreis hat. Man geht zu Verabredungen und weiß im Vorfeld, welche Themen dort besprochen werden. Auch wenn man auf diese Themen innerlich keine Lust hat, geht man aus Gewohnheit immer

Für eigene Notizen

wieder dorthin. Wenn du dieses Gefühl öfter hast, dann entwickele den Mut, dort auszubrechen. Wenn du aus den Gesprächen und diesen Treffen generell nichts mehr für dich und dein Ziel mitnehmen kannst, dann verbringe die Zeit mit anderen Dingen oder triff andere Menschen, solche, bei denen du das Gefühl hast, etwas für dich und für das Erreichen deines Zieles zu tun.

Merke dir:

Trenne dich von alten Gewohnheiten, Bekannten oder Freunden, wenn sie dich nicht weiterbringen.

Für eigene Notizen

19 SEI OFFEN, EHRLICH UND GEHE BEWUSST MIT SOCIAL MEDIA UM

Soziale Netzwerke sind aus der heutigen Welt und der Welt von morgen nicht mehr wegzudenken. Jedoch hat jedes dieser Medien, mit dem wir in den Netzwerken unterwegs und jederzeit erreichbar sind, auch einen Knopf zum Ausschalten. Ein E-Mail-Postfach ist nichts anderes, als ein elektronischer Briefkasten. Und so wie man dem haptischen Briefkasten das beschriebene Papier entnimmt und teilweise ungeöffnet in die Papiermülltonne wirft, so kann man auch Post im elektronischen Briefkasten in den dortigen Papierkorb legen.

Für eigene Notizen

Mir ist bewusst, dass ich dir mit dieser Beschreibung nichts Neues erzähle, doch warum schreibe ich es dann? Ganz einfach: Fast alle behaupten, dass sie es wüssten, doch die wenigsten handeln danach. Lass dich nicht von der enormen Informationsflut, die es im und durch das Netz gibt, ablenken. Dein Unterbewusstsein registriert mehr, als du glaubst. Gehe bewusst und kontrolliert mit den sozialen Medien um.

Als ich aufgewachsen bin, gab es kein Social Media. Es konnte uns auch keiner über elektronische Medien „mobben" und „haten". Wir wurden natürlich auf dem Schulhof geärgert, doch die, die das taten, konnten sich nicht hinter „fake accounts" verstecken. Man musste es sich ins Gesicht sagen, wenn man jemanden nicht mochte. Wenn du heute jemanden nicht magst oder etwas nicht gut findest, sage es diesem Menschen persönlich ins Gesicht. Dies stärkt deinen Charakter, dein Selbstbewusstsein und dein Auftreten im Allgemeinen.

Es ist für das Erreichen deiner Ziele wichtig, einen guten Charakter zu besitzen, ein gesundes Selbstbewusstsein auszustrahlen und ein sicheres Auftreten in jeder Lebenslage zu haben. Deswegen übe dies in persönlichen Gesprächen und Begegnungen. Befreie dich von der teils vorhandenen Anonymität der sozialen Medien.

Merke dir:
Die Wahrheit tut manchmal weh,
doch sie auszusprechen stärkt dich.

Für eigene Notizen

20 EINE TÜR GEHT ZU, EINE ANDERE GEHT AUF

Dieser Satz ist selbstverständlich sinnbildlich gesprochen und soll dir Folgendes aufzeigen: Jeder Neuanfang und jede Veränderung deiner Lebenssituation erfordert Mut und Neugier. Bei allen Entscheidungen, die du triffst, kannst du vieles im Vorfeld klären und beleuchten. Doch es bleiben immer auch Ungewissheit und ein Restrisiko, dass etwas nicht so funktioniert, wie du es gedacht hast.

Wenn ein Weg zu steinig ist oder eine Tür, durch die du gehen willst, sich partout nicht öffnet, dann verzweifele nicht. Dieser eine Weg ist aktuell versperrt, doch es öffnet sich immer eine andere Tür.

Bevor du durch eine Tür der Veränderung gehst, kannst du nicht alles ausleuchten. Jeder Gegenstand hinter der Tür kann auch Schatten werfen. Lass dich von diesen Schatten nicht irritieren. Behalte dein Ziel immer fest im Blick und denke an das, was ich bereits mehrfach erwähnt habe: Es gibt immer mehrere Wege zum Ziel.

Für eigene Notizen

Neugier und Mut gehören zu jedem Gang durch eine Tür. Sie sind notwendig für deinen Erfolg. Wenn du gedanklich oder real hinter einem großen Lkw im Windschatten fährst, ist das bequem und spart Sprit, also Energie. Doch du kommst in diesem Fall auch immer erst nach dem Lkw an dein Ziel. Wenn du besser und anders sein willst, musst du raus aus dem Windschatten, raus aus der Komfortzone und den Lkw überholen. Wenn du überholst, bläst dir der Gegenwind ins Gesicht, du musst eventuell auf Gegenverkehr achten und brauchst mehr Sprit bzw. Energie. Doch nur so hast du Erfolg bei jedem deiner Ziele.

Merke dir:
Bleibe immer neugierig, wachsam
und kontrolliert mutig.

Für eigene Notizen

21 NUTZE DEINE ZEIT

Die Natur kennt das Wort „Zeit" und dessen Bedeutung nicht. Doch unsere Zeit auf Erden ist begrenzt. Nutze deine begrenzte Zeit.

Wir Menschen sind es gewohnt, mit und in Zeiten zu denken, zu handeln und zu planen. Dies beginnt bereits mit der Geburt. Du bekommst deine Geburt auf die Sekunde genau dokumentiert und dies begleitet dich dein

Für eigene Notizen

ganzes Leben lang. Es steht auch fest, dass jedes Leben irgendwann zu Ende geht. Es hat lange gedauert, bis ich begriffen habe, dass die Natur, die Mutter Erde, auf der wir leben, diese zeitliche Begrenzung nicht kennt. Der Planet Erde und seine Natur werden jedes menschliche Leben überdauern. Sie werden sich durch die Eingriffe und das Tun von Menschen verändern, doch die Erde dreht sich weiter.

Warum schreibe ich dir dies? Weil ich dir zeigen möchte, dass du lernen sollst, anders zu denken. Wenn du heute einen guten Gedanken hast, lebe diesen Gedanken und mache ihn zu deinem Ziel oder zu etwas, was dich deinem Ziel näher bringt. Auch wenn dir alle davon abraten und es nicht verstehen, tu es, denn diese Menschen denken in zeitlichen Grenzen.

Nachdem mir die zeitliche Begrenzung des irdischen Daseins so richtig bewusst wurde, konnte ich meine Ziele viel freier und effektiver planen und umsetzen. Denn wenn dir dies bewusst ist, fängst du an, diesbezüglich nicht mehr auf andere zu hören, und du lässt dich auch nicht mehr in zeitliche Begrenzungen zwingen.

Ein Beispiel: Als ich eines meiner Häuser baute und dort arbeitete, kam jemand zu mir und fragte mich, warum ich mir das in meinem „Alter" noch antun würde. Ich verstand erst gar nicht, was er damit meinte. Doch nach einem kurzen Gespräch wusste ich es: Dieser Mensch hatte sein Leben bereits lebendig beendet. Er hatte keine Pläne und Ziele mehr.

Merke dir:
Egal, wie jung oder wie alt du bist, lebe deine Ziele dann, wenn du sie leben willst, denn deine irdische Zeit ist definitiv begrenzt.

Für eigene Notizen

22 REISE MIT OFFENEN AUGEN UND GEDANKEN

Durch deine Geburt – für die du ja bekanntlich nichts kannst – bist du automatisch Bürger eines bestimmten Landes. Du gehörst meist per Geburt auch einer bestimmten Gruppierung, Ethnie, sozialen Schicht etc. an, du hast also eine bestimmte kulturelle Identität. Das berechtigt dich jedoch nicht, dich als etwas Besseres, Erhabenes anzusehen oder verachtend auf andere Nationalitäten, Kulturen oder gesellschaftlichen Gruppierungen herabzuschauen.

Im Laufe meines bisherigen Lebens durfte ich sehr viele Länder bereisen und dadurch die unterschiedlichsten Menschen kennenlernen. Jeder dieser Menschen beherrschte immer etwas, was ich nicht konnte. Jeder Mensch wusste Dinge, von denen ich noch nie etwas gehört hatte. Und jeder dieser Menschen hat mir auf seine Art und Weise etwas beigebracht. Mit dieser Bereicherung an Wissen und Denkweisen konnte ich in dem Land, in dem

Für eigene Notizen

ich geboren wurde und dessen Pass ich besitze, immer ein wenig anders denken, planen und handeln als diejenigen, die ihre Augen und Ohren vor anderen Kulturen verschlossen hatten.

Wenn du unterwegs bist und die Möglichkeit hast, andere Denk- und Lebensweisen kennenzulernen, dann nutze diese Chancen. Sie zeigen dir oft andere und bis dato unbekannte Wege auf.

Hier zwei ganz unterschiedliche Beispiele dafür: Oft entstehen Missgunst und Neid, wenn wir sehen, dass andere etwas haben, was wir uns (noch) nicht leisten können oder nie unser Eigen nennen werden. Auf einer meinen Reisen in ein asiatisches Land stellte ich fest, dass dort Menschen in einfachsten Unterkünften in direkter Nachbarschaft zu einem prunkvollen Luxushaus wohnten. Die Menschen dort lebten jedoch ohne die teilweise in Europa stark verbreitete Missgunst nebeneinander. „Wie kann das sein?", fragte ich mich. Bei meiner Recherche erfuhr ich, dass in diesem Land das Wort „Neid" überhaupt nicht existiert und dass diese Menschen dort an eine Wiedergeburt glauben. Sie sagen sich, dass im nächsten Leben die Rollen vertauscht sein würden, und warten einfach auf ihre Wiedergeburt.

Wenn Ureinwohner Amazoniens schneller barfuß mit Gepäck durch den Regenwald vorankommen als man selbst mit festem Schuhwerk auf Trampelpfaden, merkt man, dass unsere „fortschrittliche" Zivilisation auch ganz schnell ihre Grenzen erfährt. Wir Besucher in dieser Natur würden ohne die dort aufgewachsenen und lebenden Menschen keine zwei Tage überleben. Somit habe Achtung und Wertschätzung allem Leben und allen Lebensweisen gegenüber. Wenn du dies beachtest, öffnest du dir viele Türen auf dem Weg zum Erreichen deiner Ziele.

Merke dir:

Öffne deine Augen und Ohren für andere Nationalitäten, Lebensweisen und Kulturen, sie geben dir neue Impulse.

Für eigene Notizen

23 BRING DEIN INNERES UND ÄUSSERES GLEICHGEWICHT IN EINKLANG

Zu viel ist zu viel und zu wenig ist zu wenig. Lerne zu erkennen, dass es wichtig ist, Dinge im Gleichgewicht zu halten, und erfahre dabei, auf welche Dinge es besonders ankommt. Forme deinen Geist und deinen Ideenreichtum. Ohne Luft zum Atmen brauchst du dir über alle deine Ziele keine Gedanken mehr zu machen und ohne Wasser zum Trinken ist die Zeit, die dir bleibt, sehr begrenzt.

Was hat dies nun mit dem Erreichen deiner Ziele zu tun? Eine ganze Menge. Ich möchte dich dafür sensibilisieren, dass du bei allem Eifer und Einsatz für deine Ziele das Gleichgewicht von deiner Energie, deinen körperlichen und geistigen Ressourcen niemals außer Acht lässt. Wenn deine innere Stimme dir sagt – und sie wird mit dir sprechen –, dass du nicht mehr kannst, dann geht es immer noch ein gutes Stück weiter, und zwar ohne Gefahr. Doch höre auf die Stimme und baue dir, wenn du sie hörst, einen Zeitpuffer in absehbarer Zeit ein, zu dem du dich erholen kannst.

Merke dir:
Halte deine Ressourcen im Gleichgewicht.

SEMINARE, COACHINGS, LESUNGEN

Jeder von euch, der vielleicht Millionär werden oder andere Ziele definieren und erreichen will, hat – wie zu Beginn des Buches geschrieben – eine andere Ausgangsbasis und Lebenssituation.

Mit der in diesem Buch beschriebenen Denk-, Einstellungs-, und Handlungsweise kannst du gut zurechtkommen. Da aber nicht alle Ausgangssituationen berücksichtigt und bedacht werden können, biete ich dir auch die persönliche Betreuung an. Denn dein Erfolg liegt meinem Team und mir wirklich am Herzen.

Ob als Klasse, als Gruppe oder als Einzelperson, sprich mich an für eine Lesung, eine Gruppendiskussion, für Einzelcoachings usw. Wir werden einen Weg zum Erreichen deines Zieles finden und vielleicht auch den Grundstein für deine erste Million legen.

Hier findest du mehr Informationen: www.karl-martin-gabbey.de

Oder sende eine Mail an: info@karl-martin-gabbey.de

Wir antworten zeitnah, versprochen!

Euer K.-Martin Gabbey

Tipp:

Auch als Geschenk für einen lieben Menschen, der seinen Weg (noch) sucht.
